¿Dónde quieres vivir?

Arnhilda Badía

Melodía: Home on the Range

Rourke Educational Media

rourkeeducationalmedia.com

Yo quisiera vivir

en un bello desierto

donde el sol brilla en su esplendor.

Lagartijas, camellos, cactus y hormigas,

todos viven en el desierto.

cactus
agave
lagartija
camello

Yo quisiera vivir

en un lugar tropical

donde la lluvia es muy especial.

Helechos, cotorras, parras

y chimpancés,

viven en un lugar tropical.

parra
helecho
cotorras
chimpancé

Yo quisiera vivir

y jugar en el Ártico

donde hay nieve y frío también.

Los osos polares, ballenas y morsas,

todos tienen su hogar en el Ártico.

oso polar
caribú
morsas
ballena

Yo quisiera vivir

en un bosque muy verde

donde los árboles crecen fuertes.

Venados, ardillas, arces, robles y olmos,

todos viven en el lindo bosque.

arce
roble
olmo
venados

Estos son los hogares

de las plantas y los animales.

Ellos se adaptarán

para vivir en paz y armonía

y ser felices todos los días.